Bibliografische Information der Deutschen Nationalbibliothek:

Die Deutsche Bibliothek verzeichnet diese Publikation in der Deutschen Nationalbibliografie; detaillierte bibliografische Daten sind im Internet über http://dnb.d-nb.de/ abrufbar.

Impressum:

Druck und Bindung: Books on Demand GmbH, Norderstedt Germany
ISBN: 9783668959446

Dieses Buch bei GRIN:

https://www.grin.com/document/489461

InkTeach19

Emissionsrechtehandel. Erfolge und Grenzen eines marktwirtschaftlichen Instruments der Umweltpolitik

GRIN Verlag

Universität Hildesheim
Institut für Geographie
Wintersemester 2015/16
Hauptseminar: Aktuelle Forschungsfragen der Energiegeographie

Emissionsrechtehandel

Erfolge und Grenzen eines marktwirtschaftlichen Instruments der Umweltpolitik

Master Lehramt an Haupt- und Realschulen mit dem Schwerpunkt Realschule
1. Fachsemester

Abgabedatum: 30.12.2015

Inhaltsverzeichnis

a. Abbildungsverzeichnis

b. Tabellenverzeichnis

1. Einleitung

Die Entwicklung des Emissionshandels ist eine Bahn brechende Innovation, die für die globale Umweltpolitik eine ähnliche Bedeutung gewinnen kann wie die Entwicklung des Internets für die globale Kommunikation.
(Jäger, C. 2005)

Erfolgreich und zum Scheitern verdammt - der Emissionshandel
(FAZ 2013).

Der Europäische Emissionsrechtshandel ist ein umstrittenes Instrument. Er wird zum einen in den Himmel gelobt und als *die Chance* schlechthin beschrieben und im selben Atemzug von Kritikern als durchweg negativ und von Vorderrein zum Scheitern verurteilt missbilligt. Die Dringlichkeit etwas gegen den (anthropogen verursachten) Klimawandel zu unternehmen ist weitestgehend anerkannt, Emissionsrechtehandel hin- oder her. Die noch relativ junge globale Klimapolitik weist nur bedingt Erfolge auf und strahlt eher mit Misserfolgen und Überkalkulierungen.

Das Europäische Emissionshandelsystem wird vom Großteil der Befürworter als das mit Abstand wichtigste Klimaschutzinstrument innerhalb der EU betitelt und soll dafür sorgen, dass „die Treibhausgas-Emissionen der teilnehmenden Energiewirtschaft und energieintensiven Industrie reduziert werden" (Umweltbundesamt 2015). Das wesentliche Merkmal des Abkommens beinhaltet die Vergabe sogenannter Emissionszertifikate, welche vergeben und verhandelt werden können. Diese beziehen sich auf den Kohlenstoffdioxidausstoß pro Tonne und können je nach marktwirtschaftlicher Lage preislich (stark) schwanken.

Das Projekt startete ursprünglich schon in den 1990er Jahren und wurde erst nach anfänglichen Schwierigkeiten im Rahmen des *Protokolls von Kyoto zum Rahmenübereinkommen der Vereinten Nationen über Klimaänderungen,* kurz Kyoto-Protokoll, festgelegt und umsetzungsfähig gemacht (Konstantin, P. 2013: 132ff). Des Weiteren wurden drei Phasen für die Praxisphase beschlossen, die Pilotphase, Phase II, sowie Phase III (ibid.).

Im Rahmen dieser Studienarbeit wird zu Beginn die Historie, mitsamt Bedingungen und Geschehnissen, erläutert, welche zur Idee des Emissionsrechtehandels geführt hat. Anschließend wird sich näher mit den drei Phasen des Systems beschäftigt und im Nachhinein die Erfolge und die Grenzen aufgezeigt. Zum Schluss folgt ein Fazit sowie eine kurze Zukunftsprognose.

2. Entstehungsgeschichte

2.1 Kyoto-Protokoll

Das Kyoto-Protokoll wurde am 11. Dezember 1997 au f der Vertragsstaatenkonferenz in der japanischen Stadt Kyoto beschlossen und ist neben dem Klimarahmenkonvention (UNFCCC) der momentan einzige international umfassende Rahmen für die Bekämpfung der globalen Erwärmung mitsamt des Klimawandels (Konstantin 2013: 126). Grundlage dafür sind rechtlich verbindliche Treibhausgasemissionsgrenzen seitens der Industriestaaten, sowie Niedrighaltung der Kosten für die Emissionsreduzierung mithilfe von innovativen marktwirtschaftlichen Umsetzungsmechanismen unter Beteiligung nicht-staatlicher Akteure (ibid.).

Im originalen Kyoto-Protokoll bekannten sich die sogenannten *Annex-B Staaten* (Industrie- und Transformationsländer) dazu, im Zeitraum von 2008-2012, *dem 5 jährigen Verpflichtungszeitraumes*, ihre durchschnittlichen jährlichen Emissionen an klimarelevanten Gasen um mindestens 5,2% gegenüber 1990 zu senken (ibid.). Entwicklungs- und Schwellenländer hingegen waren nicht dazu verpflichtet bestimmte Emissionsreduktionsziele. Der Grund für den fünfjährigen Verpflichtungszeitraum war der Versuch die jährlichen Emissionsschwankungen auszugleichen, welche auf unvorhersehbare und unkontrollierbare Faktoren, beispielsweise die des Wetters, beruhen. (ibid.).

Das Protokoll wurde von den EU-Mitgliedsstaaten am 31.05.2002 unterschrieben. Die ehemaligen *alten* 15Mitgliedsstaaten hatten sich zu einer Reduktion um 8/% bereiterklärt sich auf *Burden Sharing* geeinigt, einer Lastenteilung innerhalb der EU-Staaten geeinigt. Diese Lastenteilung sieht vor, dass jedes Land individuelle Minderungsverpflichtungen übernimmt und folglich zum Gesamtziel der EU beiträgt, wobei sich Deutschland zu einer Reduktion um 21% verpflichtete. Abgesehen von Zypern und Malta stimmten auch 10 der 12 neuen Mitgliedstaaten dem Burden Sharing zu und legten Reduktionsiele zwischen 6 und 8 % fest (Konstantin 2013: 127).

Eine große Frage bzw. Lücke war nur was nach dem Auslaufen des Kyoto-Protokoll, Ende des Jahres 2012, passieren soll, da keine weiteren Emissionsregulierungen vorgesehen waren. Um dies zu verhindern sollte spätestens Ende 2009 ein Nachfolgeprotokoll verabschiedet werden. Auf der 13. Vertragsstaatenkonferenz der Klimarahmenkonvention in Bali im Dezember 2007 ,einigten sich die Vertragsparteien auf einheitliche Rahmenvorgaben für die Verhandlungen (Bali-Roadmap) eines Nachfolgeprotokolls (Konstantin 2013: 127). Die EU gab bereits vor dem Bali-Roadmap bekannt, dass im Falle eines internationalen Kyoto-Nachfolgeabkommens ihre Reduktionsziele bis zum Jahr 2020 auf insgesamt 20% zu erhöhen (bezogen auf das Basisjahr 1990), falls die anderen Industriestaaten vergleichbare Emissionsreduktionsziele angeben, würde die EU sogar in Aussicht stellen ihre eigene Ziele sogar auf 30% zu erhöhen (ibid.).

Die folgenden drei Vertragsstaatkonferenzen der Klimakonventionen (Pozen, Polen (2008) – Kopenhagen, Dänemark (2009) – Cancun, Mexiko (2010)) konnte jedoch keine Einigung bezüglich eines Kyoto-Nachfolgeprotokolls erreicht werden. Schließlich wurde im Jahr 2011 in Durban, Südafrika, der Vorschlag ausgesprochen, das bestehende Kyoto-Protokoll schlichtweg um einen weiteren *Verpflichtungszeitraum* von 2013-2020 zu verlängern (ibid.). Unter Druck des Gastgebers Katar (Doha 2013) wurde letztendlich eine, notgedrungene, Einigung erzielt, sodass das bestehende Kyoto-Protokoll bis 2020 verlängert wurde. Alle 27 Mitgliedsstaaten der EU blieben jedoch bei ihrer zugesagten Reduktion der Treibhausgasemissionen von 20%, bezogen auf das Bezugsjahr 1990 (ibid.). Laut der Vertragsstaatenkonferenz 2007 in Bali sollte eine Erhöhung der Reduktionsziele innerhalb der Europäischen Gemeinschaft auf 30% stattfinden, falls es zu einem Kyoto-Nachfolgeprotokoll kommen sollte. Allerdings konnte man dieses Vorhaben aufgrund weitreichend fehlender verbindlicher Zusagen der meisten Industriestaaten nicht umsetzen. Bereits 2010 gaben Russland, Neuseeland, Kanada und Japan an, dass sie sich nicht an einem erneuten Verpflichtungszeitraum nach 2012 beteiligen würden, da sie bereit wären das neu ausgehandelte Klimaschutzabkommen zu akzeptieren, welches bis spätestens 2015 ausgehandelt werden sollte, welches allerdings das Kyoto-Abkommen ab 2020 definitiv ablösen sollte (ibid.).

2.2 Greenhouse gases im Kyoto-Protokoll

Oftmals wird vergessen oder vernachlässigt, dass im Kyoto-Protokoll noch sechs weitere Treibhausgase (greenhouse gases) benannt werden, welche zum Treibhauseffekt führen. Diese Gase können sowohl einen anthropogenen als auch natürlichen Ursprung haben. „Sie absorbieren in den oberen Atmosphärenschichten einen Teil der vom Boden abgegebenen Infrarotstrahlung, die sonst in das Weltall entweichen würde.“ (Konstantin 2013: 127). Damit wird die Erdoberfläche zusätzlich zur Sonnenstrahlung erwärmt, da diese Gase entsprechend ihrer Temperatur einen Teil der Wärmestrahlung auf die Erde als atmosphärische Gegenstrahlung emittieren (ibid:.128 f.). Im (ganz) groben, ist dieser Effekt der sogenannte Treibhauseffekt.

Um nun diese Treibhausgaswirksamkeit (**G**lobal **W**arming **P**otential – GWP) in Zahlen ausdrücken zu können, wird das GWP von Kohlenstoffdioxid gleich 1 gesetzt um es mit den anderen Gasen vergleichen zu können. Das Ergebnis davon wird als *CO2eq* (CO2 – Äquivalent) bezeichnet, wie in Tabelle 1 zu sehen ist.

Der Grund für diesen kurzen Exkurs in die verschiedenen Gase, deren Reduktion u.a. im Kyoto-Protokoll festgehalten worden ist, ist die Klarstellung, dass der Treibhauseffekt keine monokausalen Ursachen hat, nämlich nur CO2, sondern von mehreren Faktoren abhängig ist und in seiner Systematik divers ist.

Treibhausgas	Vorkommen, Entstehung	CO_2-Äquivalent	Treibhausgas Ausstoß [1] %
Kohlendioxid CO_2	Verbrennungsprozesse	1	76%
Methan CH_4	Deponien, Massenviehzucht, Bergbau, Öl- und Gasindustrie	21	16%
Lachgas N_2O	Deponien, Stickstoffdünger, Düngemittelfabriken	310	6%
Fluorkohlenwasserstoffe	Aluminiumproduktion	11.300	2%
Halogenierte Kohlenwasserstoffe HFC	Kühlmittel, chemische Industrie	6.500	
Schwefelhexafluorid SF_6	Hochspannungsschaltanlagen, industrielle Prozesse	23.900	
Stickstofftrifluorid NF_3	Halbleiter-, Solar- und Flüssigkristallbildschirm, industrie	17.200	

[1] UNEP Gap Report 2012

Tab. 1: Treibhausgase:Treibhauswirksamkeit.(Quelle Konstantin 2013: 128).

3. Klimaschutzrechtliche Rahmbedingungen

3.1 Das EU Emissionshandelssystem

Bereits 2005 hat die EU, als Vorbereitung für den internationalen Emissionshandel ab 200, ein internes Emissionshandelssystem etabliert. Die Basis dessen ist die EU Richtlinie Emissionshandel vom 13.10.2003 (EH-Richtlinien) , welche alle Mitgliedstaaten der damaligen 25 Staaten in nationales Recht umsetzen mussten (Konstantin 2007: 90).

Dafür wurden mehrjährige Handelsperioden vereinbart. Die erste Periode des EU-Emissionshandels ist der Zeitraum von 2005-2007, und der zweite von 2008-2012, welcher identisch mit der Kyoto Verpflichtungsperiode ist. Wichtig zu erwähnen wäre, dass in der ersten Handelsperiode der EU lediglich das Treibhausgas CO2 erfasst worden ist (ibid.).

3.2 Die Ebenen des EU-Emissionshandels.

Bei der Verwirklichung des Emissionshandelssystems werden drei verschiedene Ebenen unterschieden: Die EU-Ebene, die EU Mitgliedstaaten sowie zur Teilnahme an Emissionshandel verpflichtende Anlagen (Konstantin 2007: 91). Die Europäische Union gibt den Rahmen für den Emissionshandel vor. Dafür erstellt sie Kriterien, Richtlinien und Vorgaben und genehmigt und überprüft deren nationale Umsetzung (ibid.) (vgl. Erdmann & Zweifel 2008: 9f).. Die Hauptaufgabe der EU Mitgliedsstaaten ist die Vorgaben der Europäischen Union national umzusetzen, wie beispielsweise die der EU-Richtlinien, Erstellung der nationalen Allokationsplanes (NAP), Aufbau einer für den Emissionshandel zuständige Behörde sowie eines Registers und auch die periodische Berichterstattung an die EU (Konstantin 2007: 91).

Der NAP gilt als vielerlei Hinsicht als Kernstück des Emissionshandels. Jeder Mitgliedsstaat hat die Aufgabe für jede Handelsperiode einen zu erstellen und diese von der EU genehmigen zu lasen. In den NAP's wird u.a. die Gesamtmenge der zuzuteilenden Emissionsrechte und die Zuteilungsmodalitäten „für die zur Teilnahme verpflichtenden Anlagen festgelegt" (ibid.). Diese basieren allerdings auf den nationalen Zusagen des EU-Burden Sharings, also der EU Lastverteilung gemäß des Kyoto-Protokolls. Fortführend wird auf Basis der genehmigten Regelungen in den einzelnen NAP's eine Aufteilung, bzw. eine Zuordnung der künftige CO2 Reduktionspflichten, des verfügbaren Emissionsbudgets zwischen den Teilnehmern durchgeführt (ibid.). Die dafür zuständige Institution ermittelt die Menge an Emissionsberechtigungen, die dem zur Partizipation verpflichtendem Anlagen pro Handelsperiode zur Verfügung steht. In Deutschland ist die zuständige Behörde die *Deutsche Emissionshandelsstelle* (DEHSt) und werden in jährlich gleichen Tranchen an die Unternehmen ausgegeben sowie in sogenannten Emissionsregistern verwaltet. Dieses Register ist eine nationale Datenbank mit „Konten" für die teilnehmenden Märkte und darin erfolgt die Auflistung von Vergabe , Übertragung, Besitz und Löschung der Berechtigungen. In der gesamten EU sind ca. 11.400 Anlagen zur Teilnahme am Emissionshandel verpflichtet und stellen ca. 46% der CO2-Emissionen der EU dar. (ibid.).

Diese betroffenen Unternehmen müssen mitunter mehrere Auflagen einhalten. Zum einen sind sie dazu verpflichtet eine kontinuierliche Erfassung und Verwaltung von Emissionsdaten zu gewährleisten, um einen internationalen Vergleich möglich zu machen und die Erhaltung der jeweiligen Ziele zu gewährleisten (Meier-Walser 2007: 54ff). Außerdem muss die „Erstellung und Verfolgen von Emissionsprognosen, Verbuchung der zugeteilten Emissionsrechte und Berücksichtigung in der Bilanz sowie ferner das Übermitteln eines jährlichen Berichts an die zuständige Behörde"(Konstantin 2007: 92) erfolgen. Dieser Bericht hat die Funktion als Nachweis für die tatsächlichen und absoluten Emissionen zu dienen, für die im gleichen Umfang dann jeweilige Berechtigungen abgegeben werden müssen.

Zwischendurch hatte sich in der EU ein Markt für Emissionsberechtigungen gebildet, zudem u.a. die börslichen Marktplätze wie die EEX-Leipzig in Deutschland und mehrere außerbörsliche Handlungsplattformen gehören (ibid.). Somit konnten zusätzlich durch die staatliche Verteilung der Zertifikate Emissionsberechtigungen auch über Banken, Broker oder zwischenbetrieblich erworben werden. Durch den internationalen Handel werden die erhöht sich die Anzahl der Marktteilnehmer in den nationalen Märkten der EU und es werden zusätzlich Unterdeckungen oder Überschüsse staatenübergreifend ausgeglichen (ibid.).

„Zwischen Januar 2010 und November 2012 bot die Bundesrepublik Deutschland jährlich rund 41 Millionen Emissionsberechtigungen (EUA) zur Versteigerung an. Insgesamt betrug die Versteigerungsmenge etwa 10 Prozent des nationalen Emissionshandelsbudgets. Eine ebenso hohe Menge wurde 2008 und 2009 freihändig an Börsenplätzen veräußert. Nach einer Ausschreibung des Bundesministeriums für Umwelt, Naturschutz und Reaktorsicherheit (BMU) wurden die Auktionen bis 2012 wöchentlich am Spot- und Termin-Markt der Leipziger Energiebörse EEX (European Energy Exchange) durchgeführt. In den Auktionsjahren 2010 bis 2012 wurden in 269 Einzelauktionen insgesamt rund 130 Millionen EUA versteigert. Dies entspricht einem Gesamtwert von über 1,5 Milliarden Euro und einem Durchschnittserlös von 11,64 Euro. Die Abweichungen der Zuschlagspreise von den Leitmärkten lagen dabei weitgehend im Promillebereich. Damit konnten die Versteigerungen nahezu synchron zur Entwicklung des Gesamtmarkts durchgeführt werden. Die in das Jahr 2012 vorgezogenen Versteigerungen der dritten Handelsperiode sind in diesen Zahlen nicht enthalten. Unter Hinzurechnung der zwischen 2008 und 2009 durch die KfW direkt an Emissionshandelsbörsen verkauften Berechtigungen beläuft sich das deutsche Veräußerungsvolumen der zweiten Handelsperiode auf rund 212 Millionen EUA im Gesamtwert von über 3 Milliarden Euro (siehe folgende Tabelle). Damit hat die Bundesrepublik den europarechtlich gesetzten Rahmen zur Veräußerung von Emissionsberechtigungen vollumfänglich ausgeschöpft."
(dehst.de)

Jahr	Typ	Termine*	Veräußerte Menge	Durch-schnittlicher Verkaufspreis**	Erlöse
Gesamt	**(EUA 2. HP)**	**269**	**212.056.000**	**14,17 €**	**3.005.170.559 €**
2008	Verkauf (EUA 2. HP)		41.005.000	23,16 €	949.510.950 €
2009	Verkauf (EUA 2. HP)		41.125.000	13,22 €	543.544.744 €
2010	Versteigerung (EUA 2. HP)	91	41.142.500	14,36 €	590.946.850 €
2011	Versteigerung (EUA 2. HP)	89	40.675.500	13,81 €	561.569.835 €
2012	Versteigerung (EUA 2. HP)	89	48.108.000	7,47 €	359.598.180 €

*Versteigerungstermine

** volumengewichteter Durchschnitt

Tab.2: Versteigerungen in der zweiten Handelsperiode (2008-2012).

Das Zitat und die Tabelle sollen einen exemplarischen Eindruck über die Verteilung von Emissionsrechten geben und sind nicht repräsentativ für die gesamte Europäische Union, da ein jeder Mitgliedstaat eine abweichende Menge bzw. Preise von Emissionszertifikaten hat.

3.3 Prinzipielle Funktionsweise des Emissionshandels

Seit 2005 erhalten energieintensive Anlagen von Industrie und Energiewirtschaft in der EU einen festen Satz an Emissionsrechten, mit denen sie in der jeweiligen Handelsperiode auskommen müssen. Falls der Fall eintreten sollte, dass ein Unternehmen nicht die gesamte Menge an Zertifikaten benötigen sollte, kann es die Überschüsse an Interessenten verkaufen oder zur sogenannten Pflichterfüllung in einem anderen Jahr nutzen (Banking) (Konstantin 2007: 93). Jedoch ist das Banking nur innerhalb einer Handelsperiode möglich und nicht von der ersten zur zweiten, sprich vom Jahr 2007 in das Jahr 2008 (ibid.). Sollte der gegensätzliche Fall eintreten, nämlich dass das zugeteilte Kontingent nicht ausreicht, so hat das Unternehmen zwei grundlegende Optionen. Entweder es verschafft sich zusätzliche Zertifikate auf dem Markt, indem es sie erwirbt, oder es setzt Maßnahmen durch welche zur Reduktion des Emissionsausstoßes beitragen, beispielsweise die Investition in emissionssenkende Technologien oder Verfahren (ibid.) (vgl. Langniß & Pehnt 2001: 73ff)

Notwendig für die gesamte Idee des Emissionshandels sind technische Voraussetzungen wie Buchführungssysteme (vgl. Register S. 8) sowie eines Überprüfungsapparates (Monitoring und Berichtswesen). Seit 2008 wird die Anforderung zur Emissionsreduktion weiter erhöht, da die zuzuteilende Emissionsmenge entsprechend den nationalen Minderungspflichten weiter sinkt. Strafzahlungen werden fällig, falls ein Unternehmen nicht die benötigte Menge an Emissionsberechtigungen hält, welche in der ersten Handelsperiode bei 40E/Tonne CO2 und in der zweiten bei 100€/Tonne CO2 lagen. Diese Strafen entbinden die betroffenen Unternehmen allerdings nicht, die fehlenden Zertifikate dennoch zu beschaffen (ibid.).

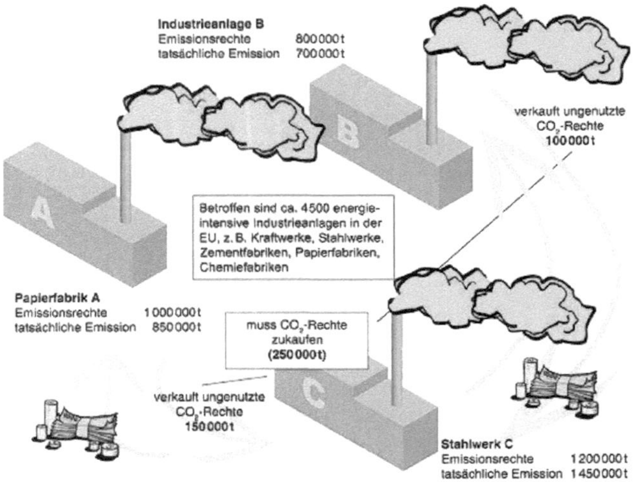

Abb. 1: Informationen zum Emissionshandel

3.4 CDM- und JI-Projekte

„Durch CDM- und JI Projekte können Emissionsberechtigungen in anderen Ländern generiert und zur Erfüllung der Emissionsreduktionspflichten im EU-Emissionshandelssystem genutzt werden" (Konstantin 2007: 93). Hinter diesen flexiblen Mechanismen CDM (**C**lean **D**evelopment **M**echanism) und JI (**J**oint **I**mplementation) verbirgt sich die Idee, dass der Treibhauseffekt eine globale Problematik darstellt, es jedoch aber von sekundärer Bedeutung ist wo genau die Emissionen gesenkt werden.. Primär wird das Ziel genannt, eine Reduktion „zu den spezifisch geringeren Kosten" (ibid.). stattfinden zu lassen.

Bei CDM engagiert sich ein Unternehmen eines Industriestaates bei einem Projekt in einem Land ohne *Emissions-Cap*, einem Land ohne Emissionsobergrenze, , zu denen vorwiegend Entwicklungsländer gehören, welche auf nationaler Ebene keine Verpflichtungen eingegangen sind eine Emissionsobergrenze nicht zu überschreiten. JI andererseits umfasst Projekte in Ländern mit einer Emissionsobergrenze, zu denen die Industriestaaten sowie die Transformationsländer gehören (z.B. osteuropäische Staaten). Diese Länder haben zugesagt, ihren Emissionsausstoß entweder zu reduzieren oder eine festgesetzte Obergrenze nicht zu überschreiten (ibid.).

Zertifikate aus diesen CDM Projekten werden CER's (**C**ertified **E**mission **R**eduction) betitelt und können ab 2000 generiert werden. Zertifikate aus JI-Projekten wiederrum nennt man ERU's (**E**mission **R**eduction **U**nits) und können ab 2008 generiert werden. Durch den Verkauf dieser Emissionszertifikate können Projekte zusätzliche Einkünfte generieren. Ein Projekt im Rahmen des CDM oder JI muss allerdings ein komplexes Registrierungsverfahren durchlaufen und bestehen bevor Emissionsreduktionseinheiten erzeugt werden können. (ibid.). Durch die *EU Linking-Directive* können CER's (ab 2005) sowie ERU's (ab 2008) gleichwertig neben EUA's (EU-Allowances/Emissionsberechtigungen/Emissionszertifikate) für die Pflichterfüllung im EU Emissionshandel eingesetzt werden. Sowohl für CER's, als auch für ERU's und EUAs lautet die Maßeinheit 1t CO2-Äquivalent. Zurzeit stellen CDM- und JI-Projekte die einzige Möglichkeit dar auch andere Treibhausgase, wie z.B. Methan , in das EU Emissionshandelssystem einzubeziehen (ibid.).

Auf der offiziellen Seite des Bundesamt für Umwelt, Naturschutz und Reaktorsicherheit lautet es:.

> Der Europäische Emissionshandel und die projektbasierten Kyoto-Mechanismen CDM und JI rücken marktwirtschaftliche Ansätze zur Bekämpfung des Treibhauseffekts in den Vordergrund. Die EU-Ergänzungsrichtlinie für den Einbezug von Emissionszertifikaten aus CDM- und JI-Projekten wurde mit dem ProjektMechanismenGesetz (ProMechG) im September 2005 in nationales Recht umgesetzt. Die Regelungen bieten Unternehmen in als auch außerhalb der Emissionshandelssektoren ausgezeichnete Chancen auf dem internationalen Kohlenstoffmarkt.
> (dehst.de)

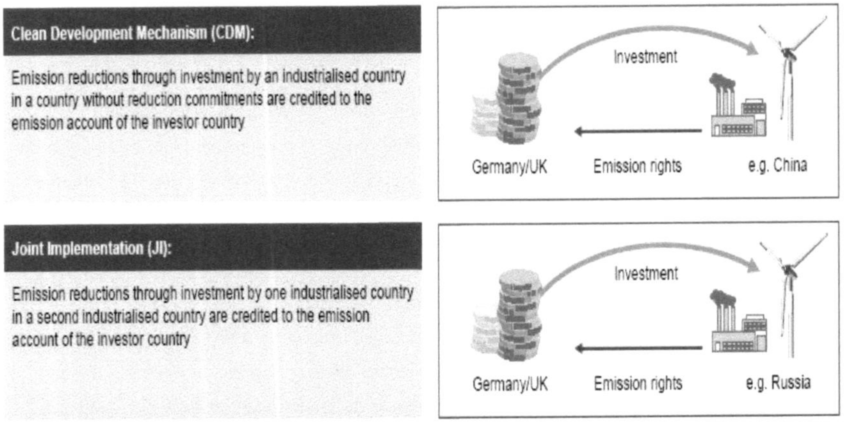

Abb. 2: CDM/JI) Projects Give RWE Access to Cost-Effective Reduction of Greenhouse Gas Emissions*

4. Die dritte Handelsperiode 2013-2020

Die dritte Handelsperiode wird erst jetzt erwähnt bzw. thematisiert, da sie sich sehr zu den beiden vorherigen unterscheidet und deswegen nicht direkt im historischen Teil dieser Studienarbeit einzugliedern war.

Zuteilung von Emissionsberechtigungen direkt durch die EU:

Am 23.04.2009 wurde die Emissionshandelsrichtlinie (EU-EHS-Richtlinie 2009) bezüglich der 2013 beginnenden dritten Handelsperiode grundlegend verändert. Dabei wurden, anders als bei den beiden Vorgängern, weitere Industriesektoren sowie Treibhausgase in das europäische Emissionshandelsabkommen involviert. Außerdem wurde das EU-EHS zu großen Teilen harmonisiert, das bedeutet dass wichtige Befugnisse, , im speziellen Maße die Zuteilung der Emissionsberechtigungen, den einzelnen Mitgliedsstaaten entzogen und anstelle dessen der EU übertragen wurden (Konstantin 2013: 136).

Linearer Reduktionsfaktor-Cap:

In dieser dritten Emissionshandelsperiode steht europaweit für alle Teilnehmer des EU-EHS ein begrenztes Budget von Emissionszertifikaten zur Verfügung. Das *Cap* bildet die Obergrenze der gesamten Emissionsberechtigungen und entspricht der durchschnittlich jährlichen Gesamtmenge der Zertifikate, welche von den Mitgliedsstaaten im Zeitraum 2008-2012 vergeben wurde. Um die vorgesehene Emissionsreduktion von 21% gegenüber 2005 bis 2020 zu erreichen, dezimiert sich der

Cap in der dritten Periode um 1,74& pro Jahr bezogen auf die Emissionen von 2020. Das Ergebnis dieser Reduktion ist der lineare Reduktionsfaktor und ist in folgender Tabelle abgebbildet.

Tabelle 3.18: Linearer Reduktionsfaktor

	2013	2014	2015	2016	2017	2018	2019	2020
LRF	1,0000	0,9826	0,9652	0,9478	0,9304	0,913	0,8956	0,8782

Tab 3: Linearer Reduktionsfaktor

Versteigerung:

„Grundlegende Allokationsregel in der 3. Handelsperiode, ist die Versteigerung (Auctioning). So müssen alle Betreiber von Stromerzeugungsanlagen alle benötigten Emissionsberechtigungen in Auktionen erwerben. (Konstantin 2013: 137).

Kostenlose Emissionsberechtigungen:

Für Fernwärmeanlagen und Industrieanlagen werden in einem bestimmten Umfang Zertifikate kostenlos zugeteilt. Diese kostenlose Zertifikate werden aber grundsätzlich nur in der dritten Handelsperiode verteilt und auch nur unter auf Basis von EU-einheitlichen *Emissionsfaktoren (EF),* den sogenannten Benchmarks. „Ein Benchmark definiert für ein bestimmtes Produkt die Referenzemissionsmenge, die zur Erzeugung des Produktes generiert werden darf" (ibid.) (vgl. Bardt et al. 2013: 8ff). Diese Zuteilung erfolgt jedoch Übergangsweise, d.h. ab 2013 werden 80% der Emissionsmenge, welche durch die Allokationsregeln berechnet wurden, kostenfrei verteilt. Diese Menge verringert sich jährlich linear bis 2020 auf 30%. Dies führt dazu, dass Anlagebetreiber einen immer höheren Anteil ihrer Emissionszertifikate über Auktionen erwerben müssen. Dies hat allerdings zur Kehrtwende, dass der Anreiz für emissionssinkende Maßnahmen und Technologien steigt (ibid.).

Carbon Lenkage Factor:

Es gelten bestimmte Ausnahmen für Industriezweige, bei denen aufgrund von enormer zusätzlichen Belastung durch Kosten der Emissionsberechtigungen ein Risiko des wirtschaftlichen Totalschadens oder der Standortverlagerung besteht. Diese sogenannten Carbon Lenkage Anlagen erhalten zu jeder Zeit 100% der errechneten Zuteilungsmenge. Ob für eine bestimmte Anlage die Carbon Lenkage Risiko, damit einhergehend die jährliche Reduzierung der vorläufigen Zuteilungsmenge, besteht, wird im Rahmen der Berechnung der Emissionszertifikate durch den sogenannten *Carbon Lenkage Factor* berücksichtigt (ibid.), welcher in der nachfolgenden Tabelle gezeigt wird.

Tabelle 3.19: Carbon Leakage Factor [DEHSt LF1]

CLF	2013	2014	2015	2016	2017	2018	2019	2020
Mit Carbon Leakage	1,0000	1,0000	1,0000	1,0000	1,0000	1,0000	1,0000	1,0000
Ohne Carbon Leakage	0,8000	0,7286	0,6571	0,5857	0,5143	0,4429	0,3714	0,3000

Tab. 4: Carbon Leakage Factor

Zur Sicherstellung der Summe der in den Mitgliedsstaaten kostenlos verteilten Emissionszertifikate, welchs für das jeweilige Jahr festgesetzte europaweite Kontingent an kostenfreien Zustelllungen nicht überschreitet, vergleicht die Europäische Kommission die gemeldete Summe der Mitgliedstaaten mit dem Gesamtbudget. Falls es zu einer Überschreitung seitens der gemeldeten Menge bzgl. der Gesamtsumme kommt,, so tritt der sogenannte *sektorenübergreifende Korrekturfaktor* (SKF) in Kraft, wobei alle kostenfreien Zuteilungen um einen einheitlichen Faktor verkleinert werden, sodass das Gesamtbudget der EU nicht überschritten wird. (ibid.)

Die folgende Tabelle zeigt anschaulich die größten Änderungen des Emissionshandelssystem der ersten beiden und der dritten Handelsperiode.

2. Handelsperiode	3. Handelsperiode
Nationale Gesamtbudgets	EU-weites Gesamtbudget
Fixes Gesamtbudget	Jährlich sinkendes Gesamtbudget
Nationale Allokationspläne	Harmonisierte, EU-weite Allokationsregeln
Limitierte Versteigerung	Versteigerung als Standard-Zuteilungsmethode
Vorwiegend kostenlose Zuteilung	Übergangsweise kostenlose Zuteilung für Industrie und Fernwärmeerzeuger Keine kostenlose Zuteilung für Stromerzeuger
Kostenlose Zuteilung basiert teilweise auf Benchmarks und teilweise auf historischen Emissionsdaten	Kostenlose Zuteilung generell basierend auf Benchmarks

Tab. 5: Grundlegende Änderung des EU-Emissionshandels für die dritte Handelsperiode

4.1 Zustellungsregeln für die dritte Handelsperiode

Generell basiert die Berechnung der kostenfreien Zustellungsmenge auf Basis von sog., *Benchmarks*(auch Emissionswert oder Emissionsfaktor genannt), welche im EU-Kommissions-Beschluss definiert sind. Es sind vier verschiedene Ansätze gedacht, wobei diese nicht willkürlich wählbar sind, sondern in der hier aufgelisteten Hierarchie stehen:

Ansatz	Einheit	Erläuterung	Wert
1. Produkt-Emissionswert	t CO_2/t Produkt	Zuteilung basierend auf der zuteilungsrelevanten Menge des Produkts	Diverse
2. Wärme-Emissionswert	t CO_2/TJ verbrauchter Wärme	Zuteilung basierend auf der Menge der zuteilungsfähigen, messbaren Wärme	62,3 t CO_2/TJ
3. Brennstoffemissionswert des benutzen Brennstoffes	t CO_2/TJ	Zuteilung basierend auf der Brennstoffwärme des verbrauchten Brennstoffs	56,1 t CO_2/TJ
4. Ansatz für Prozessemissionen	/	Zuteilung basierend auf historischen Emissionswerten	/

Tab. 6: Hierarchische Anordnung der Ansätze zur Berechnung der Zuteilung

Sollte somit für ein Produkt kein Produkt-Emissionswert definiert sein, wird der Wärme-Emissionswert angewendet. Sollte dann wiederrum dieser ebenfalls nicht anwendbar sein, so wird der Brennstoff-Emissionswert angewendet. Nur wenn keiner dieser Emissionswert-basierten Ansätze zutrifft, kann der letzte Ansatz angewandt werden, nämlich der für Prozessemissionen.

„[…] werden darüber hinaus die Werte des Wärme-Emissionswertes sowie des Brennstoff-Emissionswertes angegeben. Der Wärme-Emissionswert entspricht der Emissionsmenge, die von einem erdgasbefeuerten Kessel mit einem Wirkungsgrad von 90% zur Erzeugung eines TJ Wärme emittiert werden“
(Konstantin 2013: 139).

Der Brennstoff-Emissionswert wiederrum entspricht den heizungsbezogenen CO2-Emissionen von Erdgas, woraus ersichtlich wird, dass die Emissionswerte extrem anspruchsvoll sind und nur von höchst effizienten Technologien unter Verwendung CO2-niedrigerBrennstoffe eingehalten werden können. Hier findet sich erneut ein eine Anreizerhöhung der Emissionsreduzierung (Konstantin 2013:198).

5. Reform des EU-EHS – aber richtig!

5.1 Überblick

In diesem Abschnitt wird sich mit einem Artikel des Rheinisch-Westfälischen Instituts für Wirtschaftsforschung (RWI) befasst, welches den Vorschlag bringt das vorhandene EU-Emissionshandelssystem zu optimieren. Im Zuge dessen werden mehrere Alternativen und Vorschläge genannt, wie man die vorhandene Emissionspolitik verbessern kann. Besonders wird dabei auf die Marktstabilitätsreserve eingegangen und welche Alternativen es zu dieser gibt.

> „Die seit Jahren niedrigen Zertifikatspreise werden häufig als Begründung dafür angeführt, dass der EU-Emissionshandel reformiert werden muss. Politisch favorisiert wird aktuell die so genannte Marktstabilitätsreserve: ein regelbasierter Mechanismus, nach dem die Menge an Emissionsberechtigungen gesteuert wird. Alternative Reformvorschläge sind die Einführung einer Mindestpreisregelung sowie die Anpassung von Rahmenbedingungen im bestehenden System. Nach Evaluierung der drei Reformoptionen kommt diese RWI Position zu dem Schluss, dass es die beste Lösung wäre, den Emissionshandel möglichst in seiner Reinform zu belassen."
> (Andor et al. 2015)

Laut des Instituts könnten Fehler, welche zu genüge, in der Vergangenheit gemacht worden sind, mit einem einzigen erfolgreichem Eingriff beseitigt werden, Dieser sogenannte Eingriff soll die Löschung der rund 900 Millionen Zertifikate sein, welche im Jahr 2014 aus dem Markt entfernt worden sind und welche, laut Plan, in den Jahren 2019 und 2020 wieder in den Markt gebracht werden sollen. Eine künftige Emissionsobergrenze könne zusätzlich, stärker als bisher abgesehen, abgesenkt werden, wenn der politische Druck vorhanden wäre. „Entscheidender Vorteil des Emissionshandels in Reinform wäre, dass er nicht so stark politisch motivierten Eingriffen ausgeliefert ist wie die beiden anderen Reformvorschläge und zudem konjunkturstabilisierend wirkt" (ibid.).

Seit Beginn des weltweit ersten Emissionshandelssystem 2005 in Europaexistieren laut der *International Action Partnership* (ICAP 2015) mittlerweile 17 unterschiedliche Systeme auf 4 Kontinenten. Weiterhin heißt es, dass in diesen genannten Gebieten insgesamt rund 40% des weltweiten Bruttoinlandsproduktes (BIP) erwirtschaftet werden und erst in diesem Jahr Südkorea ein nationales Emissionshandelssystem eingeführt habe und China dies für das kommende Jahr plane. (ibid.). Dennoch ist das EU-EHS das weltweit größte seiner Art und gilt als zentralstes und stärkstes Instrument zur Verringerung der Treibhausgasemissionen. In diesem europäischen System wird der Emissionsausstoß von ca. 45% der Treibhausgase erfasst und soll, wie oben bereits erwähnt, dazu führen, dass bis zum Jahr 2020 bzw. 2030 20 bzw. 30% weniger Emissionen bestehen als im Bezugsjahr 1990.

Es gab einen starken Verfall der Preise von Emissionszertifikaten, da der Höchstpreis von ca. 30€/t CO2 im April 2006 auf mittlerweile knapp 7€/t CO2 gefallen ist. Im Folgenden wird der Preisverlauf der ersten beiden Handelsperioden für 1t CO2 dargestellt.

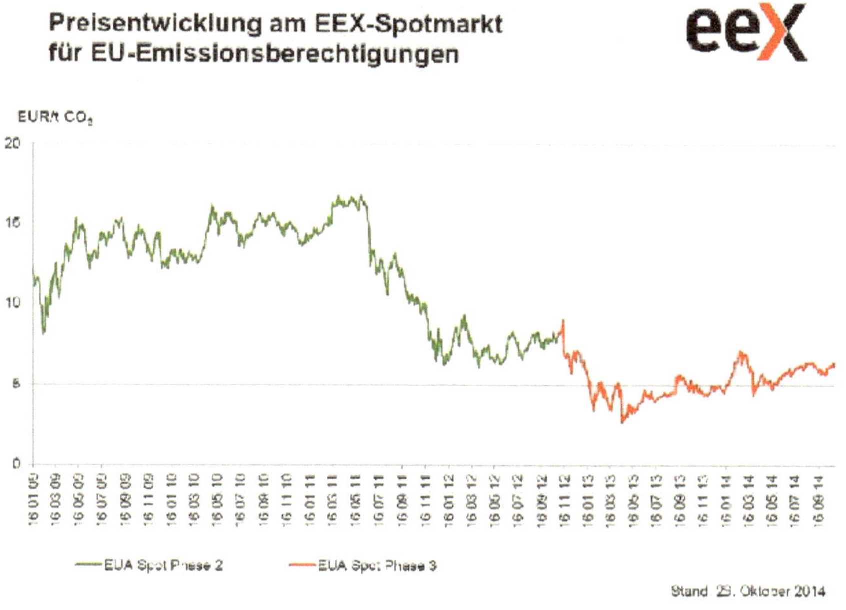

Abb. 3: Preisentwicklung am EEX-Spotmarkt für EU-Emissionsberechtigungen

Dieser starke Preisverfall hat trotz der starken Vorbildfunktion des EU-EHS für andere Kontinente und Systeme zu kontroversen Meinungsverschiedenheiten um das gesamte europäische Klimaschutzinstrument geführt. Der Emissionshandel wird in seiner generellen Existenz in Frage gestellt, da der Preis für eine Tonne CO^2 zwischen Mai 2013 und Januar 2015 zwischen 3 und 8 Euro liegt und es folglich, laut Kritikern, keine effektive Klimaschutzwirkung biete und in dieser Form nicht tragbar sei (ibid.). Die Tatsache, dass es seit Beginn der 3. Handelsperiode 2013 einen etwa 2 Milliarden großen Überschuss an Zertifikaten gibt, unterstützt dieses Argument. „Der Überschuss zeigt die Differenz zwischen den verfügbaren Emissionsberechtigungen (Angebot) und den verifizierten Emissionen (Nachfrage)"(ibid.). 2014 entschied die Europäische Kommission ein sogenanntes Blackboarding durchzuführen. Die vorgesehene Versteigerung von 900 Millionen Zertifikaten aus dem Zeitraum 2014-2016 wurde auf die Jahre 2019-2020 verschobene. Da diese Lösung jedoch nur temporär ist und das Problem des Zertifikatsüberschusses nur temporär löst, bereitet die Kommission aktuell die Einführung einer Marktstabilitätsreserve vor, welche spätestens zu Beginn der 4. Handelsperiode im Jahr 2021 beginnen soll. Diese Reserve basiert auf folgender Idee: Regelbasiere Zertifikate sollen aus dem Markt genommen und in Reserve behalten werden, wenn die Anzahl der überschussigen Verschmutzungsrechte die festgelegte Obergrenze überschreitet. Umgekehrt werden dann die die Reserve Zertifikate entnommen und auf dem Markt angeboten wenn die Zahl der überschüssigen Zertifikate eine bestimmte Untergrenze überschritten haben. Die Absicht dieser Idee ist es, die Zertifikatspreise auf ein höheres Preisniveau zu bringen als es aktuell die Lage ist (ibid.).

Ein weiterer Reformvorschlag wäre die Festlegung eines Mindestpreises/Preiskorridors für die Emissionszertifikate. „Die Begrenzung der Preisvolatilität am unteren Rand soll zu einem Mindestmaß an Sicherheit für Investitionen in Vermeidungstechnologien führen" (acatech et al. 2015: 19; Grüll und Taschini 2011. In: Andor et al. 2015). Die RWI beschäftigt sich mit beiden Vorschlägen und schlägt letztendlich eine dritte, aus beiden Vorschlägen vereinten, Alternative vor, nämlich die „Beibehaltung des aktuellen Systems in seiner Reinform, kombiniert mit einer einmaligen Löschung der im Backloading zurückgestellten Zertifikate, zuzüglich der Möglichkeit, die zulässige Obergrenze an Emissionen stärker zu reduzieren als im bisherigen Verlauf vorgesehen" (ibid). Um diesen Gedankengang nachzuvollziehen muss erstmal auf die Frage eingegangen werden die hohen Überschüsse an Zertifikaten überhaupt herstammen.

5.2 Woher kommen die hohen Überschüsse an Zertifikaten?

Wie bereits oben erwähnt berechtigt ein Emissionszertifikat die zur Teilnahme am EU-Emissionshandel (ETS) verpflichteten Unternehmen zum Ausstoß einer Tonne CO2 bzw. zur Emission eines CO2-Äquivalents an anderen Treibhausgasen. Diese Berechtigungen können in der Regel frei gehandelt werden. Am Ende eines jeden Jahres müssen die Unternehmen eine ihrer tatsächlichen Emissionsmenge entsprechende Anzahl an Berechtigungen nachweisen, ansonsten fällt eine, wie bereits im vorherigen Kapitel angesprochen, Strafzahlung an. Da diese Strafzahlung jedoch nicht von der Zertifikatsbeschaffung entbindet, impliziert die Strafe damit aber keinen Höchstpreis, wie oftmals angenommen wird)ibid.). Die Unternehmen orientieren sich am Marktpreis für die Emissionen von Treibhausgasen, sodass wenn dieser verhältnismäßig hoch ist sie eher dazu geneigt sind in emissionsärmere Technologie zu entwickeln. Liegt der Preis verhältnismäßig tief, so wird, logischerweise, auf Innovationen verzichten und es werden eher weitere Zertifikate erworben. Der (sehr) niedrige Preis der letzten Monate entstand durch einen Zertifikatsüberschuss auf dem Markt, welcher entsteht wenn „die Summe der durch Zertifikate abgedeckten Emissionsmenge größer ist als der tatsächliche bzw. verifizierte CO2- Ausstoß eines Jahres" (ibid.).

Ein weiter Grund für den Zertifikatsüberschuss ist die Zunahme des *grünen Stroms* in Europa. Schon seit Jahren hat die EU, sowie zusätzlich dazu einzelne Mitgliedsstaaten, Ziele für erneuerbare Energie eingeführt und dafür Innovations- und Fördersysteme eingeführt. Diese Systeme führen vermehrt zur einer Überlappung des Emissionshandel und letztlich eine Regulierung bewirken. Logischerweise führt die Förderung CO^2-freien Stroms zu einer abfallenden Nachfrage nach Emissionszertifikaten sowohl im deutschem als auch im europäischem Stromsektor (ibid.). Der Preisabfall für Zertifikate bewirkt, dass sektorenfremde Unternehmen oder Staaten kostengünstiger Zertifikate gelangen, als in einer Situation, in der weniger grüner Strom erzeugt wird. Aufgrund dieser Koexistenz von Emissionshandel und Förderung von grüner und nachhaltiger Energie wird keine Minderung von Emissionen erzielt, sondern lediglich eine Verlagerung.

> Das gleiche Argument gilt für andere Maßnahmen, die darauf abzielen, vom Emissionshandel gedeckelte Emissionen zu vermeiden, etwa die nationale CO2-Steuer in Großbritannien oder Energieeffizienzpolitiken. Um diese konterkarierenden Effekte zu beseitigen, sollte vor allem die Harmonisierung der Förderregime in der EU vorangetrieben werden.
> (Andor et al. 2015)

Auch die Idee CDM und JI Gutschriften (vgl. S. 11) ist nur eine Verschönerung und keine tatsächliche Lösung des Problems, so die RWI. Da die Industrieländer, welche Wachstumsimpulse in Entwicklungsländer geben, ihren CO2 Ausstoß de facto nur verlagern und nicht senken ist es letztendlich nur, erneut, nur eine unpassende Aussage bzgl. Emissionsreduzierung. „Für das globale Klima ist es schließlich belanglos, ob Treibhausgase in der EU oder außerhalb vermieden warden" (ibid).

5.3 Die Marktstabilitätsreserve

Durch diese Gründe für den recht starken Zertifikatsüberschuss sind Knappheitssignale nicht ausreichend vorhanden und führen laut Kritikern nicht zu genügend Innovationen und Technologien in emissionsreduzierenden Technologien,. Die Marktstabilitätsreserve, welche von der Europäischen Kommission (EK) seit 2014 berät, soll die Anreize für solche Technologien und Innovation verstärken. Diese Maßnahme hat wie wesentliche Ziele im Visier. Zum einen die kurzfristige Reduzierung der hohen Zertifikatsüberschüsse und des Weiteren die mittel- bis langfristige

Stabilisierung der CO2-Preise. Um dies zu ermöglichen soll jährlich einmal der tatsächliche Zertifikatsüberschuss erfasst werden und wenn dieser am Ende eines Jahres den oberen Schwellenwert übersteigt (laut Kommission 833 Millionen) würde die Auktionsmenge im Januar des Jahres tT+2 12% (bzw. 100 Millionen) reduziert werden (ibid.) (vgl. Umweltbundesamt 2014: 12ff).

Somit könnte dieser Mechanismus jedoch erst mit über einem Jahr Verzögerung eine Wirkung zeigen und die überschüssigen Zertifikate würden in die Marktstabilitätsreserve aufgenommen werden, Ist der ermittelte Überschuss jedoch niedriger als der untere festgelegte Schwellenwert, laut Kommission beträgt der 400 Millionen, werden zum nächstmöglichen Zeitpunkt 100 Millionen Zertifikate ersteigert (ibid.). Da dieses System der Markstabilitätsreserve erst ab dem Jahr 2021 in Kraft treten soll führt es erst in Zukunft und allmählich zu einer Reduktion der Zertifikatsüberschüsse. Laut einer Statistik könnte der Überschuss bis zur Inkraftsetzung der Reserve auf 3,8 Milliarden Zertifikate steigen (ibid.) (siehe Abb. 4).

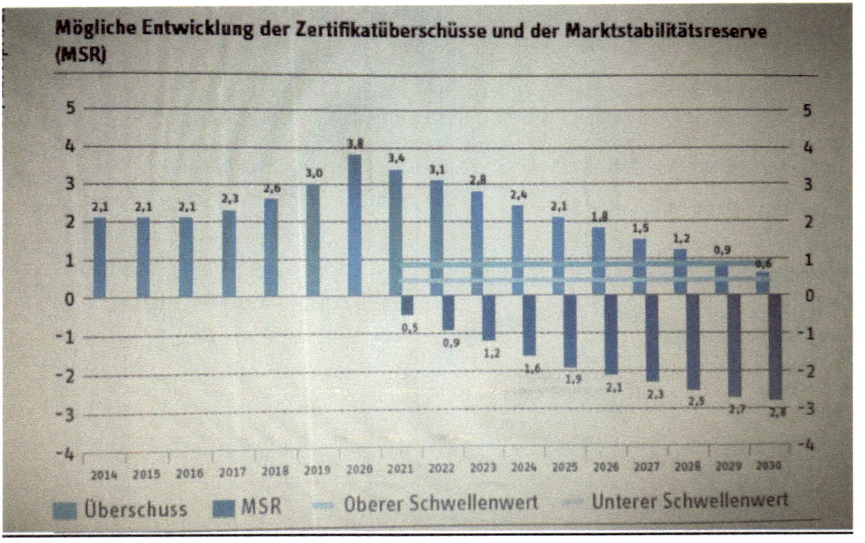

Abb. 4: Mögliche Entwicklung der Zertifikatsüberschüsse und der Markstabilitätsreserve.

Aus diesem Grund setzt sich u.a. die Bundesregierung dafür ein, dass die Marktstabilitätsreserve, nicht wie geplant 2021 in Kraft tritt, sondern schon 2017 eintreten soll, sodass eine Kürzung der Auktionsmenge bereits im Jahr 2018 erfolgen könne. Da die deutsche Bundesregierung jedoch nicht wirklich mit einem frühzeitigen Einsetzen der MSR rechnet und sie dennoch Ihr Ziel erreichen will bis zum Jahr 2020 die Treibhausgasemissionen um 40% zu senken, wurde sie in diesem Jahr im Bundeswirtschaftsministerium ein Eckpunktepapier vorgestellt, welches zur Reform des Strommarktes beitragen soll und somit ein zusätzliches Instrument der Emissionsminderung darstellen soll (ibid.).

5.4 Preiskorridor und Emissionshandel in Reinform – Die besseren Alternativen?

Der von Koch et al. (In: Andor et al. 2015) vorgeschlagene Raumvorschlag beinhaltet die Festlegung eines Mindestpreises bzw. eines Preiskorridors vor. Dieser Mindestpreis verhindert, dass bei zu geringer Nachfrage nach Zertifikaten der Marktpreis unter ein zuvor bestimmtes Niveau fällt. Eine unabhängige Institution, wie z.B. die EZB wäre dann dafür verantwortlich, im Falle eines auftretenden Angebotsüberschusses diese aus dem Markt zu nehmen und hätte somit als Hauptaufgabe den Emissionshandel zu stabilisieren. De facto würde der Mindestpreis genau das gleiche Ergebnis haben wie eine Reduktion der Emissionsgrenze. „Dies könnte allerdings auch durch andere Maßnahmen erreicht werden, etwa durch die permanente Löschung von überschüssigen Zertifikaten oder die Verschärfung des Emissionsreduktionsfaktors, der die jährlich erlaubte Emissionsmenge verringert" (ibid.)

Um die Unsicherheit zwischen den Marktteilnehmern noch weiter zu reduzieren, könne man über die Einführung eines Preiskorridors für die Emissionszertifikate nachdenken (Koch et al. 2004: 678 In: Andor et al. 2015). Die Zertifikatspreise sowie die Grenzvermeidungskosten würden im Anschluss daran nach oben und nach unten festgelegt und zwar im Rahmen eines politisch festgelegten Intervalls. Der wesentliche Vorteil eines Preiskorridors wäre, dass das Vorhandensein eines Höchstpreises zu einem Emissionsniveau führt, welches die ursprünglich vereinbarte Emissionsobergrenze übersteigt, da dieser bei einer hohen Nachfrage und somit bei einer großen Knappheit greift. Da es nicht möglich ist, dass der Preis über die zuvor festgesetzte Obergrenze steigt, werden die Unternehmen bei Grenzvermeidungskosten oberhalb des Schwellenwertes keine Vermeidungsbemühen mehr erstreben (CDM 7 JI) sondern nach Zertifikaten fragen. Wenn Angebot und Nachfrage jedoch trotz höherer Preise nicht aufeinander zubewegt werden können, müssen mehr Zertifikate zur Verfügung gestellt werden und zwar zu einem festgelegten Preis. Im Ergebnis bewirkt der Höchstpreis dasselbe wie eine Emissionsobergrenzenerhöhung (ibid.).

Eine dritte und weitere Option wäre, den Zertifikatshandel, wie bereits weiter oben kurz angeschnitten, in seiner *reinen Form* zu belassen und Abweichungen bzw.. Fehlentwicklungen mittels eines einmaligen Eingriffs zu korrigieren. Um den momentan hohen Zertifikatsüberschuss im Markt zu reduzieren, sollen als einmalige Maßnahme die 900 Millionen Zertifikate, welche nach dem Backloading-Beschluss 2019 und 2020 wieder auf dem Markt gelangen sollen, endgültig gelöscht werden.

Falls das Preisniveau dadurch nur unwesentlich erhöht würde, könnte zusätzlich die Emissionsobergrenze stärker reduziert werden als es bislang für die 4. Handelsperiode vorgesehen ist. Anders als bei Mindestpreisen oder einem Preiskorridor würde bei dieser dritten Reformvariante der Preis eines Zertifikats ausschließlich durch Angebot und Nachfrage bestimmt. (Andor et al. 2015).

6. Fazit

Fest steht, dass das ursprüngliche Europäische Emissionshandelssystem wie es einst geplant war nicht umsetzbar ist, zumindest nicht unter den festgelegten und vereinbarten Zielsetzungen. Anhand der Bemühungen der Europäischen Kommission das Blackboarding durchzusetzen, sowie die jahrelangen Debatten der einzelnen Mitgliedsstaaten wie die Zeit nach 2012, dem Ende der zweiten Handelsperiode, gestaltet wird, der mehrmaligen Neuformulierung der Ziele bzw. der Maßnahmen um die festgesetzten Ziele doch noch zu erreichen. und der Verlegung, jedoch nicht der Lösung, vieler Emissionsprobleme, lässt sich sagen, dass die Idee des Kyoto-Protokolls und der daraus resultierende EU-EHS mindestens verbesserungswürdig ist.

Als das EU-EHS vor knapp 10 Jahren eingeführt worden ist waren die Erwartungen nicht weniger als riesig. Es sollte Ökonomie und Ökologie miteinander verbinden und einen eigenen Markt für Verschmutzungsrechte schaffe. Es war ein Pionierprojekt indem viele Hoffnungen gesteckt worden und viele ähnliche Systeme weltweit ein Beispiel genommen haben.

Trotz dieser vielen Mängel gilt jedoch eine Faustregel: Der Emissionshandel ist und bleibt ein Mengensystem und kein Preissystem. Es gibt somit keinen Zusammenhang zwischen dem Preis und der Treibhausgasreduktion, da es eine festgesetzte Höchstgrenze an Emissionen gibt, welche nicht überschritten werden darf. Deswegen spielt es keine Rolle ob der Preis für die Zertifikate bei 5 oder 50 Euro liegt,. Es steht somit fest, dass das Reduktionsziel bis 2020 erreicht wird, jedoch steht es, mer oder weniger, noch in den Sternen wie es danach aussehen wird. Durch den derzeitig niedrigen Stand der Zertifikationspreise, sehen Unternehmen kaum Anreize in Innovationen und Technologien zu setzen, welche Emissionen reduzieren. Der Grund für das Eingreifen der EU in die ursprüngliche Systematik des EU-EHS liegt nicht an der Erreichung der Ziele bis zum Jahr 2020, sondern ist vielmehr ein Streben nach einer, weiterhin, erfolgreichen Zeit danach. Der Versuch die Preise für die Zertifikate nach oben zu führen ist also kein Mittel zum Zweck um das vorgegebene Ziel zu erreichen, sondern ein Anreiz die Unternehmen in emissionsfreundlichere Technologie investieren zu lassen, um die Emissionsreduktion auch nach 2020 zu gewährleisten.(vgl. FAZ 2013)

Deswegen gilt als abschließendes Fazit: Der Europäische Emissionshandel ist für eine kurze- oder mittellang gedachte Zeitspanne eine recht erfolgreiche Marktwirtschaftliches Instrument, sollte es jedoch langfristig vertretbar sein, so müssen einige (politische) Eingriffsma0nahmen durchgeführt werden.

7. Literaturverzeichnis

- ANDOR ET AL. (2015): Reform des EU-Emissionshandels, aber richtig! Alternativen zur Marktstabilitätsreserve. http://www.rwi-essen.de/media/content/pages/publikationen/rwi-positionen/rwi-position_64_eu-zertifikathandel.pdf Stand 23.04.2015. Zugriff 28.12.2015
- BARDT ET AL. (2013): Deutsche Unternehmen im Wettbewerb um Rohstoffe. Versorgungsrisiken und Absicherungsstrategien. Köln: Institut für deutsche Wirtschaft.
- BUNDESAMT FÜR UMWELT, NATURSCHUTZ UND REAKTORSICHERHEIT (2010): Die projektbasierten Mechanismen CDM und JI. Einführung in praktische Beispiele . < http://www.dehst.de/SharedDocs/Downloads/DE/JI-CDM/JI CDM_BMU_Infobroschuere.pdf?__blob=publicationFile> Stand Januar 2010. Zugrif: 28.12.2015.
- ERDMANN G., ZWEIFEL, P. (2008): Energieökonomik. Theorie und Anwendung. Heidelberg: Springer-Verlag.
- FRANKFURTER ALLGEMEINE ZEITUNG (2013): Erfolgreich und zum Scheitern verdammt – der Emissionshandel. < http://www.faz.net/aktuell/wirtschaft/co2-zertifikate-erfolgreich-und-zum-scheitern-verdammt-der-emissionshandel-12186688.html> Stand 17.05.2013. Zugriff 30.12.2015.
- JÄGER, C. (2005): Emissionshandel & Co – Möglichkeiten und Grenzen staatlichen Handelns <http://www.dzd-ev.de/fileadmin/FLUGS__alt/PDF/Veranstaltungen/jaeger_kurz.pdf > Stand: 1602.2005. Zugriff: 09.12.2015.
- KONSTANTIN, P. (2007): Praxisbuch Energiewirtschaft. Energieumwandlung,- transport und – beschaffung im liberalisierten Markt. Heidelberg: Springer-Verlag.
- KONSTANTIN, P. (2013): Praxisbuch Energiewirtschaft. Energieumwandlung,- transport und – beschaffung im liberalisierten Markt³. Heidelberg: Springer-Verlag.
- LANGNIß, O., PEHNT, M. (2001): Energie im Wandel. Politik, Technik und Szenarien einer nachhaltigen Energiewirtschaft. Berlin: Springer-Verlag.
- MEIER-WALSER, R.-C. (2007): Energieversorgung als sicherheitspolitische Herausforderung. München: Hanns Seidel Verlag.
- UMWELTBUNDESAMT-DEUTSCHE EMISSIONSHANDELSSTELLE (DEHSt) (2014): Versteigerungen in der zweiten Handelsperiode (2008-2012). <http://www.dehst.de/DE/Emissionshandel/Versteigerung/Versteigerungen_2008-2012/Versteigerung_2008-2012_node.html > Stand 22.01.2014. Zugriff 28.12.2015
- UMWELTBUNDESAMT (2015): Der Europäische Emissionshandel.. <http://www.umweltbundesamt.de/daten/klimawandel/der-europaeische-emissionshandel > Stand 25.08.2015. Zugriff. 09.12.2015.
- UMWELTBUNDESAMT-DEUTSCHE EMISSIONSHANDELSSTELLE (DEHSt) (2014):Stärkung des Emissionshandels. Diskussionsberatung zur Ausgestaltung der Marktstabilitätsreserve (MSR). < http://www.dehst.de/SharedDocs/Downloads/DE/Publikationen/MSR-Papier.pdf?__blob=publicationFile> Stand Oktober 2014. Zugriff 26.12.2015.

Abbildungen

- Abb 1: UHLENBROCK K. , SAUERBORN, P. (2005):“Informationen zum Emissionshandel“< http://images.google.de/imgres?imgurl=http%3A%2F%2Fwww2.klett.de%2Fsixcms%2Fmedia.php%2F76%2Femission.jpg&imgrefurl=http%3A%2F%2Fwww2.klett.de%2Fsixcms%2Flist.php%3Fpage%3Dinfothek_artikel%26extra%3DFUNDAMENTE-Online%26artikel_id%3D97396%26inhalt%3Dklett71prod_1.c.342732.de&h=420&w=540&tbnid=f6ZcE4QUfR3bvM%3A&docid=XKO7CCmkAzXMOM&ei=e7eCVqTiO4WDO-GOjYgO&tbm=isch&iact=rc&uact=3&dur=116&page=1&start=0&ndsp=18&ved=0ahUKEwjki_6hwYHKAhWFwQ4KHWFHA-EQrQMINjAB> Stand 25.04.2012. Zugriff: 28.12.2015.
- Abb. 2: RWE (2008): “CDM/JI*) Projects Give RWE Access to Cost-Effective Reduction of Greenhouse Gas Emissions” < http://images.google.de/imgres?imgurl=http%3A%2F%2Frwecom.online-report.eu%2Ffactbook%2Fen%2Fpics%2Fimg%2F4_epol_cdm_ji_en.png&imgrefurl=http%3A%2F%2Frwecom.online-report.eu%2Ffactbook%2Fen%2Fpoliticalframework%2Fnapii%2Fcdmji%2Fprojects.html&h=281&w=800&tbnid=hMcdghnNy5NKGM%3A&docid=BECAMKfYg-OhSM&ei=R8mCVoS7Kca7Oru8heAN&tbm=isch&iact=rc&uact=3&dur=189&page=1&start=0&ndsp=29&ved=0ahUKEwjE-qee0oHKAhXGnQ4KHTteAdwQrQMIJDAC> Stand 2008. Zugriff: 28.12.2015.
- Abb. 3: FINANCE (2014) „Preisentwicklung am EEX-Spotmarkt für EU-Emissionsberechtigungen“ <http://images.google.de/imgres?imgurl=http%3A%2F%2Fwww.finance-magazin.de%2Ffileadmin%2F_migrated%2Fpics%2FCO2_Preisentwicklung_EEX_01.jpg&imgrefurl=http%3A%2F%2Fwww.finance-magazin.de%2Fmaerkte-wirtschaft%2Fdeutschland%2Femissionshandel-stahlindustrie-befuerchtet-ihren-niedergang-1324761%2F&h=469&w=620&tbnid=RUhIQasunAE7JM%3A&docid=CmpMLl5T6bLwpM&ei=QtKHVuiNMYbfywPh56aoCw&tbm=isch&iact=rc&uact=3&dur=374&page=2&start=24&ndsp=30&ved=0ahUKEwjots_An4vKAhWG73IKHeGzCbUQrQMIhgEwIQ< Stand 31.10.2014. Zugriff 02.01.2016
- Abb. 4: ANDOR ET AL. (2015) Mögliche Entwicklung der Zertifikatsüberschüsse und der Markstabilitätsreserve. http://www.rwi-essen.de/media/content/pages/publikationen/rwi-positionen/rwi-position_64_eu-zertifikathandel.pdf Stand: April 2015. Zugriff: 28.12.2015.

Tabellen

- Tabelle 1: KONSTANTIN, P. (2013): Praxisbuch Energiewirtschaft. Energieumwandlung,-transport und –beschaffung im liberalisierten Markt[3]. Heidelberg: Springer-Verlag: 128.
- Tabelle 2: UMWELTBUNDESAMT-DEUTSCHE EMISSIONSHANDELSSTELLE (DEHSt) (2014): Versteigerungen in der zweiten Handelsperiode (2008-2012). <http://www.dehst.de/DE/Emissionshandel/Versteigerung/Versteigerungen_2008-2012/Versteigerung_2008-2012_node.html > Stand 22.01.2014. Zugriff 28.12.20154
- Tabelle 3: KONSTANTIN, P. (2013): Praxisbuch Energiewirtschaft. Energieumwandlung,-transport und –beschaffung im liberalisierten Markt[3]. Heidelberg: Springer-Verlag: 137.
- Tabelle 4: KONSTANTIN, P. (2013): Praxisbuch Energiewirtschaft. Energieumwandlung,-transport und –beschaffung im liberalisierten Markt[3]. Heidelberg: Springer-Verlag: 137.
- Tabelle 5: KONSTANTIN, P. (2013): Praxisbuch Energiewirtschaft. Energieumwandlung,-transport und –beschaffung im liberalisierten Markt[3]. Heidelberg: Springer-Verlag: 138
- Tabelle 6: KONSTANTIN, P. (2013): Praxisbuch Energiewirtschaft. Energieumwandlung,-transport und –beschaffung im liberalisierten Markt[3]. Heidelberg: Springer-Verlag: 137.